EAU MINÉRALE NATURELLE

LA SUPRÊME

PRÈS

VALS

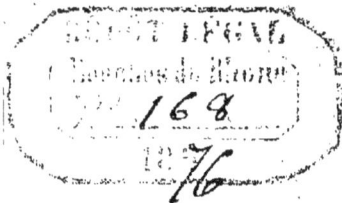

Acidulée, Gazeuse, Bicarbonatée, Sodique, Ferrugineus

MARSEILLE

TYPOGRAPHIE SAINT-FERRÉOL (BERNASCON)

27, Rue Saint-Ferréol, 27

1876

EAU MINÉRALE NATURELLE

LA SUPRÊME

PRÈS

VALS

Acidulée, Gazeuse, Bicarbonatée, Sodique, Ferrugineuse

La SUPRÊME est d'une fraîcheur et d'une limpidité parfaites ; sa saveur est des plus agréables, elle offre un piquant et un velouté qu'on ne rencontre pas dans les Eaux de la même classe. Cette eau mérite d'être nommée l'amie la plus dévouée à cette dixième muse *(Gastéréa)* qui préside aux jouissances du goût et qu'ont chantée, avec autant de verve que d'esprit, Berthoux et Brillat-Savarin.

L'EAU DE LA SUPRÊME s'allie admirablement bien avec le vin, les sirops, les liqueurs, et de ce mélange résulte une boisson délicieuse, la plus suavement fraîche qu'on puisse imaginer. Elle peut être comparée aux Eaux minérales naturelles de la Marie et de la Saint-Jean de Vals. La Suprême est devenue de plus en plus la boisson de tous ceux qui prennent au sérieux les jouissances d'une bonne digestion. Les Eaux digestives de Saint-Galmier, de Bussang, de Seltz, de Vittel, de Saint-Alban, d'Alet, de Condillac, de Grandrif, ne peuvent lui être comparées sous le triple rapport de la limpidité, de l'abondance du gaz acide carbonique et de la conservation.

L'effet immédiat de l'Eau de la Suprême est d'exciter, de faciliter la digestion, de rafraîchir sans irriter, de diviser le bol alimentaire et de favoriser la formation du chyme. Elle est encore éminemment diurétique et diaphorétique.

Applications thérapeutiques. — L'Eau de la Suprême s'est déjà montrée très-favorable dans le traitement des dyspepsies simples ou atoniques, dans la dyspepsie acide, pituiteuse, flatulente, irritative, boulimique, dans la gastralgie, dans les maladies des intestins.

Au point de vue du traitement par l'Eau de la Suprême, les dyspepsies doivent être divisées en idiopathiques et en symptomatiques. Quand elles sont idiopathiques, c'est-à-dire quand elles dépendent d'un trouble fonctionnel de l'estomac ou des intestins on doit les attaquer directement; quand elles sont symptômatiques, il faut attaquer simultanément la *maladie mère*. En effet, il arrive souvent que des femmes atteintes d'affections chroniques des organes génito-urinaires, que des hommes atteints de pertes séminales, de catarrhe vésical, éprouvent des digestions difficiles, douloureuses, pénibles. Dans ces cas, qui sont loin d'être rares, il faut évidemment attaquer simultanément et même plus particulièrement les divers états morbides sous l'influence desquels la dyspepsie s'est manifestée ; sans cela, il est probable que cette même dyspepsie, traitée seule, ne tarderait pas à reparaître, alors même qu'elle aurait été profondément modifiée.

Quand la dyspepsie est sous l'influence d'un principe diathésique (goutte, gravelle) ou par une maladie générale (chlorose, anémie, atonie, cachexie) : il convient encore de diriger le traitement contre ces affections, si l'on veut obtenir des cures réelles et durables.

Aujourd'hui tous les praticiens savent qu'il n'est pas toujours facile, au premier abord, de reconnaître si un trouble fonctionnel des organes digestifs est dû à une maladie purement nerveuse ou à une lésion de la muqueuse digestive elle-même. Il arrive souvent que ces deux états morbides existent simultanément et que leurs symptômes se confondent. Il est rare, en effet, qu'une névralgie qui trouble la digestion, vicie ses produits et modifie la sécrétion des sucs gastrique, pancréatique et biliaire, n'entraîne pas, à la longue, une altération des tissus, et qu'une phlegmasie chronique ne provoque pas un trouble dans l'innervation.

Mais quelle que soit la nature, simple ou compliquée, de ces maladies diverses de forme, d'origine et d'intensité, l'Eau de la Suprême possède contre elles une remarquable efficacité. Ce qui rend l'Eau de la Suprême spéciale dans le traitement des affections de l'estomac et des intestins, c'est qu'à côté de cet agent excitant que nous trouvons dans l'acide carbonique, de ce tonique précieux, le fer, elle renferme le bicarbonate de soude qui, de l'avis unanime des hydrologues, exerce une action très-directe et très-puissante sur les phénomènes intimes de la digestion et tout particulièrement sur les secrétions gastriques, pancréatiques et biliaires.

Maladies de l'appareil biliaire. — L'Eau de la Suprême convient particulièrement dans les maladies

du foie, telles que l'engorgement, l'empâtement de
cet organe ; dans les calculs biliaires, l'hépatalgie
ou coliques hépatiques, dans la jaunisse et ses affections hépatiques de toute espèce.

Maladies des appareils urinaire et génital. —
L'Eau de la Suprême est favorable dans les maladies
des reins, avec ou sans sécrétions anormales, dans
les coliques néphrétiques, la gravelle d'acide urique,
dans le catarrhe vésical, l'incontinence d'urine, les
pertes séminales, etc.

Elle jouit de la propriété de provoquer la mens-
truation, de la rappeler lorsqu'elle est supprimée,
de la régulariser si elle est insuffisante ou trop abon-
dante, et de la rendre indolore si elle est doulou-
reuse ; elle agit encore favorablement dans nombre
d'affections dont se plaignent les femmes à l'âge
critique.

Anémie, Chlorose. — L'anémie et la diminution
des globules du sang. C'est la véritable aglobulie.
Dans cette affection, le sang est appauvri, moins
riche.

D'après M. Béquerel, l'anémie est, comme nous
venons de le dire, une aglobulie simple, tandis que
la chlorose, avec laquelle on peut la confondre, est

essentiellement une névrose dans laquelle la diminution des globules rouges du sang, bien que trop fréquente, n'est pas constante, ou tout au moins ne constitue pas, comme dans l'anémie, le seul élément, toute la maladie.

L'anémie est une affection de tous les âges, de tous les sexes ; la chlorose attaque de préférence les jeunes filles et les jeunes femmes ; les symptômes nerveux sont fréquents dans la chlorose, ils sont exceptionnels dans l'anémie ; la chlorose se produit avec lenteur et persiste souvent avec ténacité ; l'anémie se fait presque toujours d'emblée et a une marche plus franche et plus décidée ; elle guérit souvent en peu de jours par cela seul que les anémiques portent en eux l'aptitude de la reconstitution, faculté qu'on ne trouve pas chez les chlorotiques.

En effet, ce qui contribue à la persistance de la chlorose, c'est la dyspepsie qui l'accompagne et qui nuit singulièrement à la nutrition des malades et empêche que le fer ne soit supporté. C'est pour rester dans la vérité des faits et de l'observation que nous venons de donner les signes différentiels de l'anémie et de la chlorose, bien que l'une et l'autre de ces affections rentrent dans la spécialité de l'eau ferro-manganésienne de la SUPRÊME. Ces deux agents,

le fer et le manganèse, unis à l'acide carbonique.
sont mieux supportés, agissent plus promptement,
et leurs effets sont plus durables. C'est donc dans
le traitement des affections chloro-améniques aujour-
d'hui si nombreuses, que l'EAU DE LA SUPRÈME sera
avantageusement employée.

En résumé, la SUPRÈME peut et doit être employée
dans toutes les maladies tributaires des Eaux de
Vals, de Vichy, de Spa, d'Orezza, de Vittel et de
Bussang, etc. ; elle a, sur ses heureuses rivales, le
double avantage de mieux supporter le transport et
de coûter moins cher : avantage qui n'est pas à
dédaigner par le temps qui court.

Dr TOURRETTE.

VALS, *le 1er Août 1871.*

Dépot à la Cie de Vichy, et chez tous les marchands
d'eaux minérales.

Marseille. — Typ. Saint-Ferréol (Bernascon) rue Saint-Ferréol, 27.

www.ingramcontent.com/pod-product-compliance
Lightning Source LLC
Chambersburg PA
CBHW050421210326
41520CB00020B/6694